你好！自然

尽管时代在改变，但总有些东西始终值得书写和珍藏。

打开《诗经》，读一读《豳（bīn）风·七月》，3000多年前黄河流域人们的生活情景就浮现眼前：勤劳的祖先，在采桑授衣、剥枣获稻的劳作间隙，发现了斯螽（zhōng）动股、莎鸡振羽的时间规律；伴着春仓庚、夏鸣蜩（tiáo）、秋蟋蟀直到冬之万籁俱寂，播百谷、纳禾稼、筑场圃、话桑麻。这些都是最真实的物候之声，也是最感人的劳动之歌。翻开《东莱集》，读一读宋代理学家吕祖谦的《庚子辛丑日记》，840多年前浙江金华地区的风霜雨雪、花开鸟鸣等天气变化和物候现象历历在目，这是世界上最早凭实际观测而得的物候记录。100多年前，著名地理学家竺可桢先生开始观察记录物候，为大自然写日记，一记录几乎就是一生。他为中国近代气象学奠定基础，开创了物候学。

这些人，用心、用情、用力把当时的自然物候以及社会风貌，用各种形式记录下来，帮助我们还原历史上的今天，推测地球冷暖，查验物候变化，安排生产生活。这些在当初看来仅仅是部分人的观测记录行为，如今却成为全人类共享的集体智慧。

绳结、岩画、甲骨、简牍、尺素、碑刻、信笺、纸张、胶卷、芯片……人类在一次次更新信息记录载体的同时，也一步步把文明赓续传承下去。

我们不妨学习前人，从现在开始，从这本《我的大自然物候历》开始，一起去倾听自然物语，记录物候变化，同时也记录下我们和家人朋友的相守，以及对时间作出的郑重承诺。记录在这里的，将是四季变换的歌谣，是生命缝隙里的平凡，是唤醒回忆的细微感知，是思想灵感迸发的源泉，是一个个完整幸福的日子，是我们认真感受自然、认识世界的生命体验。

相信您在使用这本物候历的时候，会有很多新发现、新创作、新感悟。这可真让人喜悦啊！

是为序。

物候历,大不同

物候历也叫自然历,是将自然现象按出现的时间顺序记录编制而成的一种专门历。因此,《我的大自然物候历》,无论是日期编排,还是内容选取,都紧密围绕物候学知识及物候记录展开。

此外,这还是一本任您自由发挥创作的自然手账。书中按照全年二十四节气、七十二候的时间单位规划出充足的记录页面。您可以用书写、绘画、摄影、拼贴等任何您喜欢或擅长的方式,随时随地记录下您观察到的自然变化。

细心的读者可能发现了,这本书中有"1月25日:蜡梅开放(北京)""11月13日:蟋蟀终鸣(上海)"这样的物候记录。其实,早在20世纪50年代至80年代,中国物候观测网就坚持观测记录各地物候,编写成自然历,详细列出物候现象出现的多年平均日期、最早与最迟日期。本书从中摘选若干记录,按照多年平均日期放在相应时间段内，供读者参考。细心的读者可能还发现了，许多自然现象会有节律、周期性地出现，而这些自然现象跟农田里的作物生长存在某种时间上的对应关系。例如，根据《北京1931—1982年期间的自然历》显示的多年平均记录，4月21日，蛙始鸣；4月22日，冬小麦拔节、棉花播种；9月26日，柿子成熟；9月27日，冬小麦播种。我国农民很久以前就懂得观察物候，根据动植物等自然现象的周期性变化去预测农时，安排农业生产，为季节更替选取直观的、有代表性的物候指标，并通过谚语等方式口口相传。

细心的读者可能还会发现，同样是小麦，在全国各地成熟收割的时间却大不一样：4月30日，广西桂林；5月24日，浙江杭州；6月7日，江苏扬州；6月17日，北京；7月13日，新疆石河子；7月30日，黑龙江哈尔滨。再看看迎春花开、旱柳展叶，从全国范围看也有类似的规律。原来，物候因地而异，纬度相差1°，相同物候的出现时间就可能会延迟几天；同一时间、不同经度的地方，物候现象也会迥然不同；山岳较平原复杂，滨海与内陆各异。假如您爱好旅行，还可以依据物候历制订旅行计划，由南向北追寻春花的脚步，自北而南欣赏最美的秋色。

从中我们还可以看到，只要坚持不懈地观测记录，一本手账便能记录大自然的变迁史，连通中国人延续数千年的传统自然观和生活智慧。希望读者朋友通过阅读和使用这本小书，能够认识到观测记录物候、关注气候变化的重要性。希望我们每一个人，都能循着自然的节律顺时生活，携起手共同建设人与自然和谐共生的美丽中国。

物候观测需要常年进行、大范围开展以积累数据。本书中的物候数据来源于中国物候观测网，感谢戴君虎研究员给予专业审订指导。我们期待读者朋友们也能为积累物候数据贡献一份力量。您可以上网关注"国家地球系统科学数据中心"主页获取更多信息；还可以手机下载应用程序"物候相机phenological camera"（见封底二维码），拍摄上传您的观测记录，为科学工作者提供参考数据。

在完成一年的物候观测后，就可以汇总各种物候现象出现的日期，获得对当地物候规律的初步认识了。这样年年进行观测，用多年的观测结果计算出平均日期，按照物候现象出现的先后次序编排，就能成为一个地方的自然历。千千万万个不同地方的自然历汇聚起来，将形成一部包罗万象的"地球日志"。让我们一起观测起来，记录起来吧！

使用导览

　　本书以二十四节气为线索，每个节气提炼出一个物候关键字，从天文、气象、动植物、水文等多个角度探究自然现象，讲述物候之美。希望您通过阅读这本书，能够开始了解和关注身边的物候，按照与大自然相和谐的节律安排和品味生活，留下值得永久珍藏的独特记忆。下面，就让我们跟随导览开始一段奇妙的物候之旅吧！

1. 每个节气带你认识一个 "物候关键字"

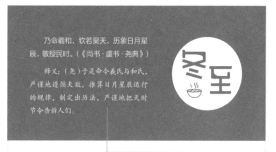

乃命羲和，钦若昊天，历象日月星辰，敬授民时。（《尚书·虞书·尧典》）

释义：（尧）于是命令羲氏与和氏，严谨地遵循天敬，推算日月星辰运行的规律，制定出历法，严谨地把天时节令告诉人们。

冬至

物候关键字

【名句赏析】

摘录与物候关键字相关的经典诗文，带你游历诗山文海，感受自然写作的力量。

【物候关键字】

用关键字揭示自然主题，将节气物候特征巧妙融入字形设计。找一找，你能从中发现哪些奥秘？

2.以七十二候为时间节点，尽览自然物候变化

春分一候 玄鸟至 　　月　　日至　　月　　日

【七十二候"候应"】

古人以五日为候，三候为气，六气为时，四时为岁，全年二十四节气，共七十二候。各候均有一个相应的物候现象，称"候应"。古代的候应浓缩记录的是两千多年前中原地区各时令的物候特征。21世纪全国各地的物候历，等待你我续写。

【随心记】

您可以在本页记下每一候的起止时间和物候变化，也可以将它作为记事簿或行事历使用。

各地物候记录

3月21日：春树、皂荚始花（陕西西安）

3月22日：金桂、枫杨始花（福建厦门）
　　　　　白花泡桐始花（四川广元）

3月23日：早稻播种（广西桂林）

3月24日：苦楝鸣叫（北方）

【各地物候记录】

参考《中国自然历选编》《物候学》，从20世纪50—80年代中国各地物候历中选取具有代表性的物候记录，带你了解大自然的变迁史。

3. 轻松科普关于 "物候关键字" 的有趣知识

自然观察家

郭守敬（1231—1316年，元代天文学家、数学家、水利工程专家）

【自然观察家】

以朋友圈的形式生动幽默还原历史事件，带你认识热爱自然观察的重要历史人物，了解他们的超凡志向与卓越贡献。

郭守敬

四海测验，分道而出。今日抵达中心观测站，准备开工。各位队员，撸起袖子加油干吧，咱们都是追光人！

河南，登城
1279年12月22日 09:30 删除

♡ 忽必烈，王恂，许衡，张文谦

王恂
辛苦了！新历告成指日可待。

郭守敬
回复王恂 等我们传回数据！

监候官小李
我们已抵达成都

郭守敬
回复监候官小李 👍👍👍

主要成就

创制多种天文仪器，主持建立在全国设立27个观测点，后世称"四海测验"。

与许衡等人编订了我国古代……出一个回归年约长度为365.2425……主持修建多项水利工程，……

灵魂发问

小寒真的只是有一点儿冷吗？

如果你根据字面含义，认为小寒只是有一点儿冷可就错啦。俗话说，"小寒时处二三九，天寒地冻北风吼"，可见小寒的威力不可小觑。空口无凭，咱们用事实说话，上数据！

根据过去65年（1951—2015年）的全国平均气温数据，有42%的年份小寒时节比大寒更冷。此外，极端最低气温更容易出现在小寒节气，概率约为37%，而出现在大寒的概率约为22%。由此可知，多年份，在全国多数地区，小寒的天气可以称得上是严寒。

所以，我们可不能因为小寒中的"小"字，就对这一时期的寒冷程度有所轻视。大家要注意防寒保暖哦！

小寒　大寒

【灵魂发问】

用轻松幽默的语言解答你在生活中可能遇到的自然科学问题。帮助你在每一次"轻阅读"中增长知识，默默变聪明，惊艳所有人。

4.四季景观路线，行遍壮美中国

开往春天的列车（立春）、寻找"中国热极"（立夏）、追寻秋天的足迹（立夏）、探秘"冷酷仙境"（立冬），四幅精美水彩画，描绘出四条特色景观路线，带你追寻四季脚步，行遍壮美中国。

开往春天的列车
中国地域辽阔，南北跨度大，各地进入春天的时间有早有晚。请你乘上这列"开往春天的列车"，追随太阳的脚步，去欣赏祖国的春天吧。

长冬之地——哈尔滨
平均入春时间：4月27日

追寻秋天的足迹
中国的秋天自北而南，自高向低开始。各地入秋时间不同，景色各异。沿着公路追寻秋天的踪迹，去记录你心中最美的秋色吧。

红叶谷（吉林长白山）　长白山

金山岭——司马台长城（河北、北京）

九寨沟（四川阿坝）

秦淮以南——成都
平均入春时间：2月-3月上旬

无冬之地——昆明
平均入春时间：2月中旬

亚丁（四川稻城）

南迦巴瓦（雅鲁藏布大峡谷）

千湖山（云南香格里拉）

"海豚出版社"微信公众号

"这就是二十四节气"微信订阅号

您可以关注"海豚出版社"微信公众号和"这就是二十四节气"微信订阅号，获取更多免费学习资源和活动资讯服务。

5.倾听自然物语，记录光阴故事

当您走进自然，仔细观察，认真倾听，用心记录，就会渐渐听懂大自然母亲的语言！

我的自然收藏馆

时间：2021年12月22日　地点：楼下花园

院子里的蜡梅进入了盛花期，一朵朵黄色的小花挂在枝头，谦虚地低垂着头。远远地，就能闻到一股沁人心脾的幽香。

蜜蜂采花作黄蜡，取蜡为花亦其物。

—— 节选自 [宋] 苏轼《蜡梅一首赠赵景贶》

时间：2021年12月27日　地点：北海公园

北海公园的湖面已经冻得很结实了，北门附近的冰面上，鸳鸯成双成对地聚在一起，像在开派对，哈哈！

关键字里的节气奥秘

* 斗柄北指，天下皆冬
* 冬至祭天
* 圭表测影定节气

【自然创想】

书中预留了点阵、方格等多种样式的记录空间。您可以根据创作主题为本页起一个名字，用自己喜欢、擅长的方式（拼贴、文字记录、手绘、摄影等）记录下大自然的变化。

【关键字里的节气奥秘】

揭秘物候关键字里每一个设计元素蕴含的深意，了解各节气典型的物候特征。

乃命羲和，钦若昊天，历象日月星辰，敬授民时。（《尚书·虞书·尧典》）

释义：（尧）于是命令羲氏与和氏，严谨地遵循天数，推算日月星辰运行的规律，制定出历法，严谨地把天时节令告诉人们。

物候关键字

冬至一候　蚯蚓结　　　　　月　　日至　　月　　日

各地物候记录

12 月 21 日：土壤 80 厘米深度冻结（河北秦皇岛）

12 月 22 日：旱柳叶落尽、初雪（上海）

　　　　　　土壤完全封冻（甘肃民勤）

12 月 23 日：垂柳落叶末期（安徽芜湖）

12 月 24 日：旱柳落叶末期（江西南昌）

12 月 25 日：板栗叶落尽（广东广州）

郭守敬

四海测验，分道而出。今日抵达中心观测站，准备开工。各位队员，撸起袖子加油干吧，咱们都是追光人！

河南，阳城
1279年12月22日 09:30 删除

♡ 忽必烈，王恂，许衡，张文谦

 王恂
辛苦了！新历告成指日可待。

 郭守敬
回复王恂: 等我们传回数据 😶

 监候官小李
我们已抵达成都 🌃

 郭守敬
回复监候官小李: 👍👍👍

自然观察家

郭守敬（1231—1316年），元代天文学家、数学家、水利工程专家。

 主要成就

创制多种天文仪器，主持建造河南登封观星台。

在全国设立27个观测点，展开了一场前无古人的天文观测活动，后世称"四海测验"。

与许衡等人编订了我国古代使用时间最长的历法《授时历》，计算出一个回归年的长度为365.2425日，比欧洲的《格里高利历》早300多年。

主持修建多项水利工程，整治通惠河，实现京杭大运河全线贯通。

冬至二候　麋（mí）角解　　　月　日至　月　日

各地物候记录

12 月 26 日：初雪（湖北鄂州）

12 月 27 日：蜡梅叶落尽（上海）

　　　　　　　楝树落叶末期（湖北鄂州）

12 月 28 日：旱柳落叶末期（四川广安）

12 月 29 日：蜡梅开花盛期（江西南昌）

12 月 30 日：野葡完全枯黄（江西南昌）

各地物候记录

1月1日：蜡梅开花盛期（四川广安）

1月2日：枫香树落叶末期（广西桂林）

1月3日：初霜出现、梅花始花（广西桂林）

1月4日：大叶合欢叶始落（福建厦门）

　　　　荠菜始花（江西赣州）

关键字里的节气奥秘

岁寒，然后知松柏之后凋也。(《论语·子罕》)

释义：到了每年天气最冷的时候，就知道其他植物多已凋零，只有松树、柏树挺拔、常青。

物候关键字

各地物候记录

1 月 5 日：野草普遍枯黄（广东广州）

　　　　　初雪（四川广安）

1 月 6 日：槐树落叶末期（江西南昌）

1 月 7 日：初霜（广东广州）

小寒真的只是有一点儿冷吗？

　　如果你根据字面含义，认为小寒只是有一点儿冷可就错啦。俗话说，"小寒时处二三九，天寒地冻北风吼"，可见小寒的威力不可小觑。空口无凭，咱们用事实说话，上数据！

　　根据过去 65 年（1951—2015 年）的全国平均气温数据，有42% 的年份小寒时节比大寒更冷。此外，极端最低气温更容易出现在小寒节气，概率约为 37%，而出现在大寒的概率约为 22%。由此可知，多数年份，在全国多数地区，小寒的天气可以称得上是严寒。

　　所以，我们可不能因为小寒中的"小"字，就对这一时期的寒冷程度有所轻视。大家要注意防寒保暖哦！

小寒 ←

→ 大寒

小寒二候　鹊始巢　　　　月　　日至　　月　　日

各地物候记录

1 月 10 日：蜡梅始花（上海）

1 月 11 日：楝树叶落尽（广东广州）

1 月 12 日：土壤 10 厘米深度冻结（陕西西安）

1 月 13 日：越南安息香落叶始期（云南西双版纳）

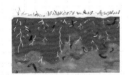

小寒三候　雉始雊（gòu）　　　　月　　日至　　月　　日

1 月 15 日：木棉花蕾出现（云南西双版纳）

1 月 16 日：冬小麦拔节（四川仁寿）

1 月 17 日：初雪、结冰（江西赣州）

1 月 18 日：乌桕（jiù）叶落尽（广东广州）

关键字里的节气奥秘

- ◆ 小寒三候：雁北乡，鹊始巢，雉始雊
- ◆ 小寒冷，蜡梅开
- ◆ 小寒过后迎腊八：喝腊八粥，腌腊八蒜

四时运灰琯，一夕变冬春。送寒余雪尽，迎岁早梅新。（［唐］李世民《于太原召侍臣赐宴守岁》）

注：灰琯（guǎn），古代用来测定节气变化的器具。以葭莩（jiā fú）之灰置于十二律管中，某一节气到，某律管中葭灰即飞出。

物候关键字

大寒一候　鸡始乳　　　　　　　月　　日至　　月　　日

为什么说"梅花香自苦寒来"？

　　说起梅花，你的脑海中是否浮现出了王安石的著名诗句"墙角数枝梅，凌寒独自开"？真不可思议，梅花居然会在严寒中开放，它难道不怕冷吗？

　　这正是梅花的与众不同之处。梅花对于温度很敏感，必须要经过一段时间的低温期才能形成花芽。这种低温诱导促使植物开花的现象，称为春化。但是低温也要有一定限度，通常平均气温不能低于5℃，否则不利于梅的生长与开花。相比于其他在春、夏、秋季开花的植物来说，梅花不惧寒冷，在严寒中傲雪开放，因此收获了诗人对它"梅花香自苦寒来"的赞誉。

各地物候记录

1 月 25 日：蜡梅开放（北京）
　　　　　　油茶叶芽开放（广东广州）
1 月 26 日：冬小麦拔节（四川广安）
1 月 27 日：梅花现花蕾（河南洛阳）
1 月 28 日：终霜出现（广西桂林）
1 月 29 日：野菊展叶盛期（江西南昌）

各地物候记录

1 月 30 日：繁缕始花（贵州贵阳）

1 月 31 日：土壤 10 厘米深度解冻（陕西西安）

2 月 1 日：桃树始花（福建厦门）

2 月 2 日：终霜（广东广州）

　　　　　蔓蔓纳始花（贵州贵阳）

关键字里的节气奥秘

- 大寒三候：鸡始乳，征鸟厉疾，水泽腹坚
- 大寒梅花朵朵开

春天在美妙的花园里升起，像爱的精神，到处有她的踪迹；大地黝黑的胸脯上花发草萌，相继脱离冬眠中的梦境苏醒。（［英］雪莱《含羞草》，江枫译）

物候关键字

立春一候　东风解冻　　　　月　　日至　　月　　日

2 月 3 日：榆树花芽膨大（河南洛阳）

2 月 4 日：梅花开花末期（广西桂林）

2 月 5 日：油菜花序出现（江西南昌）

2 月 6 日：侧柏始花（福建厦门）

2 月 7 日：侧柏始花（广西桂林）

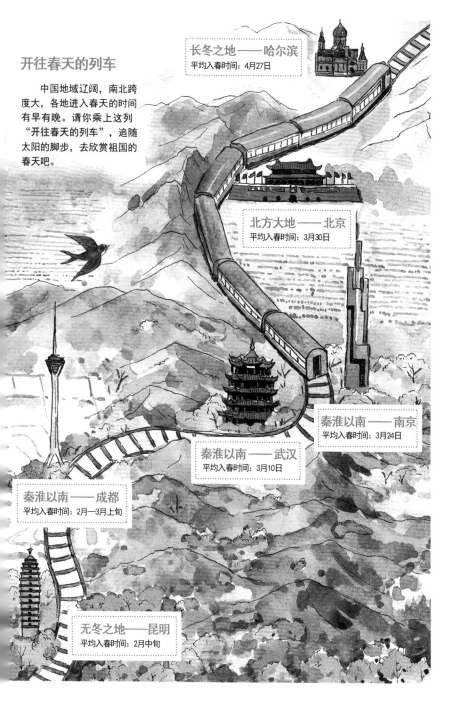

开往春天的列车

　　中国地域辽阔，南北跨度大，各地进入春天的时间有早有晚。请你乘上这列"开往春天的列车"，追随太阳的脚步，去欣赏祖国的春天吧。

长冬之地——哈尔滨
平均入春时间：4月27日

北方大地——北京
平均入春时间：3月30日

秦淮以南——南京
平均入春时间：3月24日

秦淮以南——武汉
平均入春时间：3月10日

秦淮以南——成都
平均入春时间：2月—3月上旬

无冬之地——昆明
平均入春时间：2月中旬

立春二候　蛰（zhé）虫始振　　　月　日至　月　日

各地物候记录

2 月 10 日：蜜蜂初见、小麦拔节（贵州贵阳）
　　　　　　结香始花（广西桂林）
2 月 11 日：终雪（四川广安）
2 月 12 日：榆树始花（四川广安）
2 月 13 日：颐和园昆明湖开始解冻（北京）
　　　　　　水面开始解冻（河南洛阳）

立春三候　鱼陟 (zhì) 负冰　　　　月　　日至　月　　日

2 月 14 日： 雁始鸣（河南洛阳）

终霜（四川广安）

2 月 15 日： 枇杷开始展叶（广东广州）

2 月 16 日： 乌鸦飞鸣（北京）

2 月 17 日： 榆树始花（安徽合肥）

关键字里的节气奥秘

- ◆ 立春三候：东风解冻，蛰虫始振，鱼陟负冰
- ◆ 迎春花开
- ◆ 贴春联，过大年；立春了，咬春啦

好雨知时节，当春乃发生。随风潜入夜，润物细无声。（[唐]杜甫《春夜喜雨》）

释义：好雨知道农时和节令，一到春天就下起来了。它伴随着徐徐微风在夜晚落下，无声地滋润大地万物。

物候关键字

雨水一候　獭 (tǎ) 祭鱼　　　月　　日至　　月　　日

各地物候记录

2 月 19 日：榆树始花（贵州贵阳）

　　　　　　小麦抽穗（广西桂林）

2 月 20 日：水面完全解冻（河南洛阳）

2 月 21 日：玉兰始花（湖北鄂州）

2 月 22 日：迎春花始花（陕西西安）

2 月 23 日：开始划船（北京）

为什么说
"春雨贵如油"？

民间有"春雨贵如油"的说法，这是为什么呢？

其实，这与春季气候特点和作物生长需求有关。雨水节气开始，华北地区的气温快速回升，空气中水汽不足，又常刮风，导致田地里土壤水分蒸发强烈，容易造成春旱。而此时越冬的小麦、油菜等作物，如同饥渴难耐的娃娃，急需春雨的滋润，因此春雨显得格外珍贵。春雨过后，不仅越冬的作物能得到滋养，田地也更容易疏松，人们翻耕田地，为清明、谷雨播种提前做好准备。

不过，"春雨贵如油"的说法主要适用于华北地区，华南地区春季雨水本就丰沛，降水过多反倒让人发愁呢。

雨水二候　候雁北　　　　　月　　日至　　月　　日

各地物候记录

2 月 24 日：蜜蜂初见（陕西西安）

2 月 25 日：荠（jì）菜始花（陕西杨陵）

2 月 26 日：梅树始花（河南洛阳）

2 月 27 日：垂柳、李树始花（广西桂林）

2 月 28 日：旱柳芽膨大（北京）

　　　　　杏树始花（四川广安）

雨水三候　草木萌动　　　　　　月　　日至　月　　日

3 月 1 日：榆树始花（陕西西安）

3 月 2 日：白花泡桐始花（广西桂林）

　　　　　终雪（浙江宁波）

3 月 3 日：冬小麦返青（北京）

3 月 4 日：初雷（广东广州）

◆ 雨水三候：獭祭鱼，候雁北，草木萌动

◆ 春风化雨，滋养万物，柳树发芽，杏花开放

◆ 雨水前后闹元宵

仲春遘（gòu）时雨，始雷发东隅。众蛰各潜骇，草木纵横舒。（[晋]陶渊明《拟古（其三）》）

释义：仲春二月喜逢及时雨，春雷开始在东方响起。众多蛰伏地下的动物被惊醒，草木开始发芽，枝叶纵横伸展。

物候关键字

惊蛰一候　桃始华　　　　月　　日至　月　　日

3 月 5 日：杏树始花（贵州贵阳）

3 月 6 日：木棉始花（广东广州）

3 月 7 日：蛙始鸣（江西赣州）

3 月 8 日：迎春花始花（山东泰安）

3 月 9 日：雁北飞（北京）

中国古代建筑用什么方法避雷？

在高楼鳞次栉比的现代都市，很多建筑物上都安装了防雷装置，但现代避雷针发明至今也不过才 200 多年历史。在中国古代，人们是用什么方法防止建筑物遭雷击的呢？

根据《北征记》《荆州记》等古籍记载，早在春秋战国时期，我国就出现了为防止雷击而用绝缘体石头建造的"避雷室"。此外，许多木质古塔顶部安放有表面涂有金粉的金属塔刹，可以在一定程度上起到消雷作用。如清朝光绪年间编成的《嘉兴府志》中有"东塔放金光，若流星四散"的记载，这很有可能是塔刹放电。古建筑顶部的宝瓶、宝顶等构件，也有同样作用。

各地物候记录

3 月 10 日：旱柳芽开放（北京）

　　　　　　土壤表面开始解冻（新疆石河子）

3 月 11 日：山桃始花（陕西杨陵）

3 月 12 日：白花泡桐始花（江西赣州）

3 月 13 日：梨树始花（四川广安）

3 月 14 日：终雪（安徽合肥）

惊蛰三侯　鹰化为鸠 (jiū)　　　　月　　日至　　月　　日

3 月 15 日：蛙始鸣（四川广安）

3 月 16 日：迎春花始花（河北邢台）

3 月 17 日：土壤表面开始日消夜冻（黑龙江哈尔滨）

3 月 19 日：蒲公英始花（陕西西安）

3 月 20 日：蜜蜂初见（北京）

　　　　　　春季第一次见闪电（上海）

关键字里的节气奥秘

- ◆ 惊蛰三候：桃始华，仓庚鸣，鹰化为鸠
- ◆ 南方雷声阵阵
- ◆ 冬眠动物苏醒

!

二月闻子规，春耕不可迟。三月闻黄鹂，幼妇闵蚕饥。（[宋]陆游《鸟啼》）

释义：二月听到杜鹃鸟啼鸣，就知道要春耕了。三月听到黄鹂鸟的叫声，小孩、妇人就要给蚕宝宝喂食了。

物候关键字

春分一候　玄鸟至　　　　　月　　日至　　月　　日

各地物候记录

3 月 21 日：杏树、垂柳始花（陕西西安）

3 月 22 日：紫藤、枫杨始花（福建厦门）

　　　　　白花泡桐始花（四川广安）

3 月 23 日：早稻播种（广西桂林）

3 月 24 日：菜粉蝶出现（北京）

吕祖谦（1137—1181年），南宋理学家、文学家、教育家。

吕祖谦
杏花开，
闻春禽，
春满人间。

浙江，金华
淳熙八年二月二十四日　删除

♡ 朱熹，陆九渊，辛弃疾，陆游

朱熹
伯恭观察记录已一年有余了吧？佩服！🌹🌹

吕祖谦
回复朱熹：此等良辰美景不敢独享。

辛弃疾
实地观察，坚持记录，必须手动点赞！

主要成就

　　主张明理躬行，学以致用，创立金华学派，在理学发展史上占有重要地位。

　　从淳熙七年（1180年）正月初一到淳熙八年（1181年）七月二十八日的588天里，坚持观测浙江金华物候，写下世界上最早凭实际观测而得的物候记录《庚子辛丑日记》，系统记录了20多种植物开花的时间和听到春禽、秋虫鸣叫的时间。

春分二候　雷乃发声　　　　　　月　　日至　　月　　日

各地物候记录

3 月 25 日：榆树始花（天津）

3 月 26 日：早稻插秧（广东广州）

3 月 27 日：家燕始见（贵州贵阳）

　　　　　　油菜始花（陕西西安）

3 月 28 日：桑树始花（广西桂林）

3 月 29 日：蜜蜂初见（浙江宁波）

各地物候记录

3 月 31 日：野草返青（黑龙江哈尔滨）

4 月 1 日：布谷鸟始鸣（陕西西安）

4 月 2 日：油菜、向日葵播种（新疆石河子）

4 月 3 日：发现蝌蚪（北京）

　　　　　桑树始花（陕西杨陵）

关键字里的节气奥秘

- ◆ 燕子北归回巢
- ◆ 北方雷声轰隆
- ◆ 春分立蛋比拼

解落三秋叶，能开二月花。过江千尺浪，入竹万竿斜。（[唐]李峤《风》）

释义：风能吹落秋天的树叶，能催开春天的鲜花。风刮过江面能掀起千尺巨浪，吹进竹林能使万竿倾斜。

物候关键字

清明一候　桐始华　　　　　月　　日至　　月　　日

各地物候记录

4 月 4 日：旱柳开始展叶（北京）

4 月 5 日：大麦播种（新疆石河子）

4 月 6 日：核桃始花（四川广安）

4 月 7 日：木瓜始花（陕西杨陵）

4 月 8 日：春小麦播种（黑龙江佳木斯）

　　　　　青蛙始鸣（浙江宁波）

"风玫瑰"是什么花?

"风玫瑰"可不是真的花，而是专门用来描述一个地方多年平均刮风频率的统计图，多用 8 个或 16 个罗盘方位表示，因为形似玫瑰花朵，得名"风玫瑰图"。风玫瑰图有风向玫瑰图、风速玫瑰图等不同形式。

如何读懂风向玫瑰图呢? 我们以下方的"1955—1980 年北京风向玫瑰图"为例来了解一下。首先，观察图中从外围到中心的连线长度，最长线段表示该方向刮风频率最大，为当地主导风向，也就是盛行风。其次，确定风向，即风来的方向，也就是图中最长线段所在的象限所对应的方位。由图可知，1955—1980 年北京的主导风向是东北风。

在现实生活中，了解风向也很有必要。比如城市里的垃圾焚烧发电厂，一般要建在集中居住区主导风向的下风向。想一想，这是为什么呢?

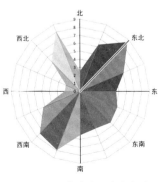

1955—1980 年北京风向玫瑰图

清明二候　田鼠化为駌（rú）　　　月　　日至　　月　　日

清明三候　虹始见　　　　　月　　日至　　月　　日

各地物候记录

4 月 14 日：小麦播种（黑龙江哈尔滨）

4 月 15 日：楝（liàn）树始花 [重庆北碚（bèi）]

　　　　　　桑树、紫藤始花（陕西西安）

4 月 16 日：制槐始花（贵州贵阳）

　　　　　　牡丹始花（陕西杨陵）

4 月 17 日：色木槭始花（北京）

关键字里的节气奥秘

- 天清地明，春风徐徐
- 桐花开，虹始见
- 踏青春游，放风筝，扫墓

花开又花落，时节暗中迁。无计延春日，何能驻少年。（[唐]杜牧《惜春》）

释义：花儿开了又凋落，时节在无声中变迁。没有办法让春光放慢脚步，又怎能把美好时光留住。

物候关键字

各地物候记录

4 月 20 日：苹果始花（天津）

4 月 21 日：青蛙始鸣（北京）

　　　　　　布谷鸟始鸣（四川广安）

4 月 22 日：冬小麦拔节，棉花播种（北京）

4 月 23 日：榆树始花（黑龙江佳木斯）

　　　　　　石榴始花［江西赣（gàn）州］

牡丹与芍药，
傻傻辨不清？

千百年来，人们把牡丹和芍药并称为"花中二绝"，"牡丹为花王，芍药为花相"。两种花的外形极为相似，就像双胞胎姐妹一样。究竟该怎么区分它们呢？

牡丹
植株可长到 2 米高

4 月中下旬开花，花朵大

茎为木质，较粗硬，冬季枝条不会枯死

叶片宽，顶端常有分裂

芍药
植株较矮，茎高不到 1 米

5 月中旬开花，花朵略小

叶片狭窄，顶端是尖的

茎为草质，较柔嫩，冬天枝条会枯萎

谷雨二候　鸣鸠拂其羽　　　　　月　　日至　　月　　日

4 月 24 日：核桃始花（天津）

4 月 25 日：牡丹始花（北京）

4 月 26 日：蚊始见（陕西西安）

4 月 27 日：雷始闻（辽宁盖州）

　　　　　　刺槐始花（安徽合肥）

4 月 28 日：小麦抽穗（sui）（河南洛阳）

谷雨三候　戴胜降于桑　　　　月　　日至　　月　　日

各地物候记录

4 月 29 日： 刺槐始花（陕西西安）

4 月 30 日： 旱柳飞絮（北京）

　　　　　　小麦成熟（广西桂林）

5 月 1 日： 雷始闻（河北邢台）

5 月 4 日： 楝树始花（贵州贵阳）

　　　　　　蟪蛄始鸣（四川广安）

关键字里的节气奥秘

- ◆ 谷雨三候：萍始生，鸣鸠拂其羽，戴胜降于桑
- ◆ 香椿抽芽
- ◆ 谷雨三朝看牡丹

夏首云物变，雨余草木繁。池荷初帖水，林花已扫园。（[唐]韦应物《始夏南园思旧里》）

释义：初夏，大自然中的景物都发生了变化。一场雨过后，草木更显繁茂苍郁。池塘中的荷叶才露水面，园林中的花儿却已凋谢了。

物候关键字

各地物候记录

5月5日：枇杷熟（福建厦门）

　　　　花椒始花（天津）

5月6日：刺槐始花（北京）

5月7日：楝树始花（安徽合肥）

5月8日：金银花始花（贵州贵阳）

5月9日：枇杷熟（江苏苏州）

寻找"中国热极"：
中国最热的地方在哪里?

吐鲁番市（新疆）
气候干燥炎热，大风频繁，因此有"火洲""风库"之称。夏季极端最高温曾达到49.6℃，地表温度多在70℃以上。

西安市（陕西）
夏季炎热，伏旱突出，多雷雨大风，极端最高气温曾达到43.4℃。

武汉市（湖北）
常年雨量丰沛，热量充足，冬冷夏热、四季分明，极端最高温曾达到41.3℃。

长沙市（湖南）
夏季从5月中、下旬到9月下旬，温高暑热，常连晴数日，骄阳似火，极端最高气温曾达到40.6℃。

南昌市（江西）
春末初夏多洪涝，盛夏酷热又干旱，极端最高温曾达到40.6℃。

福州市（福建）
夏季以晴热天气为主，极端最高温曾达到41.6℃。

立夏二候　蚯蚓出　　　　　　　月　日至　月　日

各地物候记录

5 月 10 日：冬小麦抽穗（北京）

5 月 11 日：玫瑰始花（北京）

　　　　　　家燕始见（黑龙江哈尔滨）

5 月 12 日：柿树始花（陕西西安）

5 月 13 日：蒲公英始花（黑龙江佳木斯）

5 月 14 日：枣树、板栗始花（广西桂林）

立夏三候　王瓜生　　　　　　　月　　日至　　月　　日

各地物候记录

各地物候记录

5 月 15 日：蟋蟀始鸣（贵州贵阳）

　　　　　　石榴始花（陕西西安）

5 月 16 日：柿树始花（北京）

5 月 17 日：终霜（黑龙江佳木斯）

5 月 18 日：枣树始花（四川广安）

5 月 19 日：初雷（新疆石河子）

关键字里的节气奥秘

- 天气渐热，风扇送来清凉
- 立夏雨，涨大水
- 青蛙叫，蚯蚓出

其实不是我们驯化了小麦，而是小麦驯化了我们。([以色列]尤瓦尔·赫拉利《人类简史》，林俊宏译)

物候关键字

各地物候记录

5 月 20 日：枣树始花（河北邢台）

5 月 21 日：合欢始花（江西赣州）

5 月 22 日：布谷鸟始鸣（北京）

　　　　　　板栗始花（四川广安）

5 月 23 日：冬小麦始花（辽宁盖州）

5 月 24 日：小麦成熟（浙江杭州）

灵魂发问

你知道立志消灭饥饿的"南袁北李"都是谁吗?

水稻和小麦是我国主要的粮食作物。由于气候和环境的差异,水稻主要种植于南方地区,小麦多种植于北方地区。

如今,我们能吃饱吃好,要感谢中国的农业科学家们,其中最为著名的是有"南袁北李"之称的袁隆平与李振声。他们几十年如一日带领团队不断攻坚克难,提高了粮食产量,守护了粮食安全,让中国人的饭碗牢牢端在了自己手中。

"杂交水稻之父"袁隆平

一生致力于杂交水稻技术的研究、应用与推广。他发明的杂交水稻技术,使中国水稻总产量大幅提高,增产的粮食每年可以解决约 7000 万人的吃饭问题。

"杂交小麦之父"李振声

从事小麦遗传与远缘杂交育种研究,培育出了优质小麦新品种,并在我国北方大面积推广种植,大大提高了我国的小麦产量。

小满二候　靡草死　　　　　　　　月　　日至　　月　　日

各地物候记录

5月25日：合欢始花，小麦收割（江苏苏州）

5月26日：初见闪电（新疆石河子）

5月27日：水稻移栽（贵州贵阳）

5月28日：枣树始花（北京）

　　　　　小麦黄熟（贵州贵阳）

各地物候记录

5 月 30 日：板栗始花（陕西杨陵）

5 月 31 日：小麦黄熟（陕西西安）

6 月 2 日：桑葚成熟（北京）

6 月 3 日：梧桐始花（福建厦门）

6 月 4 日：板栗始花（北京）

　　　　荔枝果始熟（云南西双版纳）

关键字里的节气奥秘

- 蜻蜓起舞，蚕结茧
- 苦菜秀
- 小麦灌浆

　　我最大的梦想就是田里的水稻长
得像高粱一样高，稻穗像扫帚一样长，
颗粒像玉米一样大，我在田里走累了，
就在稻子下面乘凉。（袁隆平）

物候关键字

各地物候记录

6 月 5 日：梧桐始花（重庆北碚）

6 月 6 日：杏初上市（陕西杨陵）

　　　　　玫瑰始花（黑龙江佳木斯）

6 月 7 日：冬小麦黄熟（江苏扬州）

6 月 9 日：木槿 (jǐn) 始花（广西桂林）

　　　　　紫薇始花（云南西双版纳）

海水里也能种水稻吗?

我们知道，水是植物细胞的主要成分。如果用海水浇灌庄稼，海水中的盐分会把植物细胞中的水分挤走，最终农作物就会脱水枯死。在海水里种水稻，这能行吗?

答案是肯定的。我国在这方面已取得重大技术突破，成功培育出了一种不怕海水短期浸泡、耐盐碱的水稻——海水稻。其实，海水稻并不是完全种在海里，而是种在沿海的滩涂、盐碱地等区域。

中国海水稻的发展离不开两个人。一位是农业科学家陈日胜。1986 年，他在海边芦苇丛里偶然发现了一株野生海水稻，由此开启了三十多年的潜心研究，培育出了耐盐碱的"海稻 86"。另一位是"中国杂交水稻之父"袁隆平。他从 2014 年开始关注海水稻的研究，带领团队培育海水稻并推广种植。

种植海水稻有助于解决耕地不足的问题，让更多的土地资源得到合理利用。

芒种二候　鹏 (jú) 始鸣　　　　　月　日至　月　日

各地物候记录

6 月 10 日：栀子花始花（湖南长沙）

6 月 11 日：合欢始花（北京）

6 月 12 日：香椿始花（广西桂林）

6 月 13 日：凤仙花始花（贵州贵阳）

　　　　　合欢始花（陕西杨陵）

芒种三候　反舌无声　　　　　月　　日至　月　　日

各地物候记录

6月15日：梧桐始花（四川广安）

6月16日：蝉蝉始鸣（江西赣州）

6月17日：冬小麦黄熟（北京）

　　　　　小麦开花（黑龙江哈尔滨）

6月18日：杨梅成熟（浙江杭州）

6月19日：女贞盛花期（四川广安）

关键字里的节气奥秘

- ◆ 芒种三候：一候螳螂生，二候鵙始鸣，三候反舌无声
- ◆ 梅子黄熟
- ◆ 水稻插秧

暾（tūn）将出兮东方，照吾槛（jiàn）兮扶桑；抚余马兮安驱，夜皎皎兮既明。（屈原《九歌·东君》）

释义：温暖的太阳啊，从东方升起，阳光照在栏杆上，光芒来自扶桑。轻拍我的宝马啊，让它慢些走。告别皎洁的月色啊，即将迎来天明。

物候关键字

夏至一候　鹿角解　　　　　　　月　　日至　　月　　日

各地物候记录

6 月 21 日：大豆始花（辽宁盖州）

6 月 22 日：蚱蝉始鸣（北京）

　　　　　　女贞始花（上海）

6 月 23 日：棉花现蕾（北京）

　　　　　　早稻抽穗（广西桂林）

6 月 24 日：六月雪始花（贵州贵阳）

太阳不是每天都从固定地方升起吗？

每天早晨，站在相同的位置，面向太阳升起的地方观察，你会发现，太阳升起的位置是变化的。这是为什么呢？

真正的原因就藏在地球自转和绕太阳公转的规律里。地球自转一圈是一天，绕太阳公转一圈是一年。地球公转轨道平面与地球赤道平面之间的夹角约为23.5°，太阳直射点在这个夹角范围内做回归运动。当太阳直射点到达南回归线（南纬23.5°）时就是北半球的冬至日，这时太阳升起的位置最靠南；当太阳直射点到达北回归线（北纬23.5°）时就是北半球的夏至日，这时太阳升起的位置最靠北，其余时间里太阳升起的位置在这两点范围内南北移动。

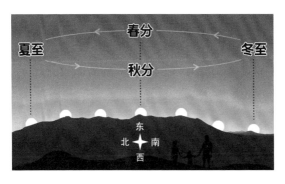

夏至二候　蜩始鸣　　　　　　　月　　日至　　月　　日

6 月 26 日：蜻蜓始见（浙江宁波）

6 月 27 日：樱桃熟（黑龙江哈尔滨）

6 月 28 日：蟪蛄始见（湖北鄂州）

6 月 29 日：紫薇始花（江西赣州）

6 月 30 日：蚱蝉始鸣（上海）

夏至三候　半夏生　　　　　　　月　　日至　　月　　日

各地物候记录

7月1日：杏成熟（新疆石河子）

7月2日：蚱蝉始鸣（陕西杨陵）

　　　　水稻抽穗开花（浙江宁波）

7月3日：木槿始花（安徽合肥）

7月4日：狗尾草始花（北京）

7月5日：栾树始花（山东泰安）

树一生都像在倾听一个故事，听小虫在草叶里翻身，听地下的河流从哪里拐弯，听松果落地的翻滚。（鲍尔吉·原野《最好的树被上天领走了》）

物候关键字

小暑一候　温风至　　　　　　　月　日至　月　日

各地物候记录

7 月 6 日：香椿树开花（广西柳州）

7 月 7 日：槐树始花（陕西杨陵）

7 月 8 日：冬小麦收获（新疆石河子）

7 月 9 日：春玉米抽雄（北京）

7 月 10 日：蚱蝉始鸣（四川广安）

　　　　　槐树始花（天津）

灵魂发问

为什么树木被称为"气候调节器"?

炎炎夏日，当我们站在树林中或树荫底下时，会觉得空气湿润、凉爽宜人，这就是有"气候调节器"之称的树木在发挥作用呢。树木能反射和吸收一部分太阳辐射产生的热量，还会通过蒸腾作用把体内的水分以水蒸气的形式散失到空气中，从而增加空气湿度，带走热量，降低环境温度，因此有调节局部小气候的作用。

槐，俗称"国槐"，是常见行道树。它能吸收空气中的二氧化硫等有害气体，是净化空气的能手。槐树被很多城市选为"市树"。

栾树，俗称"灯笼树"，因为果实呈圆锥形，中空似灯笼。栾树适应性很强，生长快，病虫害少，有较强的抗烟尘能力，是常见的行道树。

花期：7—8月

槐树

花期：6—8月

栾树

各地物候记录

7月11日：早稻黄熟（广东广州）

7月12日：蟋蟀始鸣（河南洛阳）

7月13日：荷花始开（北京）

　　　　　春小麦收获（新疆石河子）

7月15日：布谷鸟终鸣（北京）

　　　　　棉花开花（辽宁盖州）

小暑三候　鹰始鸷 (zhì)　　　　月　　日至　　月　　日

各地物候记录

7 月 16 日： 木槿始花（陕西西安）

7 月 17 日： 槐树始花、水稻拔节（贵州贵阳）

7 月 19 日： 虹始见（四川广安）

7 月 21 日： 高粱开花（辽宁盖州）

7 月 22 日： 棉花开花（北京）

关键字里的节气奥秘

- ◆ 夏树绿意浓，不觉暑气盛
- ◆ 蟋蟀居壁
- ◆ 小暑荷花开

仲夏夜，万籁俱寂时，还有哪种昆虫的鸣叫胜过意大利蟋蟀的？那么优美，那么清脆。我不知有多少次，席地躺在迷迭香花丛中躲着，偷听那美妙迷人的音乐演唱会啊！（[法]法布尔，《昆虫记》，陈筱卿译）

物候关键字

各地物候记录

7 月 23 日：早稻成熟（广西桂林）

7 月 24 日：荷花盛开（北京）

　　　　　　黄皮果成熟（福建厦门）

7 月 25 日：凤梨收获（广东广州）

7 月 26 日：木槿始花（江西赣州）

7 月 27 日：槐树始花（广西桂林）

灵魂发问 ？

夏日虫鸣，
你听出了哪几种？

大自然中的花草树木、鸟兽鱼虫都有对气候的特别感知，它们的活动大多呈现出季节性以及规律性，被当作区分时令的重要参考。昆虫是大自然的精灵，我国古人总结的七十二候中，有多处以昆虫的活动作为候应，如：夏至二候，蜩始鸣；小暑二候，蟋蟀居壁。

请听听这些昆虫的鸣叫声，猜猜它们都是什么昆虫？留心去大自然里找一找，关注它们是什么时间开始歌唱的。

扫一扫听一听，
这是什么声音？

大暑二侯　土润溽 (rù) 暑　　　　　月　　日至　月　　日

各地物候记录

7 月 28 日： 枣成熟（江西赣州）

7 月 29 日： 紫薇始花（广西桂林）

　　　　　　蚱蝉始鸣（辽宁盖州）

7 月 30 日： 槐树开花盛期（北京）

　　　　　　小麦收割（黑龙江哈尔滨）

各地物候记录

8月2日：紫薇开花盛期（陕西西安）

8月3日：梨初上市（陕西杨陵）

8月4日：枸树果熟（广西桂林）

8月5日：木槿始花（重庆北碚）

8月6日：葡萄成熟（天津）

关键字里的节气奥秘

- 知了鸣叫
- 腐草为萤
- 凤仙花开

大概我所爱的不是晚秋，是初秋，那时暄气初消，月正圆，蟹正肥，桂花皎洁，也未陷入凛冽萧瑟气态，这是最值得赏乐的。（林语堂《秋天的况味》）

物候关键字

立秋一候　凉风至　　　　　　　　月　日至　月　日

各地物候记录

8月7日：高粱成熟（四川广安）

8月8日：番石榴熟（广东广州）
　　　　　紫薇始花（重庆北碚）

8月9日：蟋蟀始鸣（北京）

8月11日：枣成熟（四川广安）

追寻秋天的足迹

中国的秋天自北而南，自高向低开始。各地入秋时间不同，景色各异。沿着公路追寻秋天的踪迹，去记录你心中最美的秋色吧。

红叶谷（吉林长白山）

长白山

金山岭—司马台长城（河北、北京）

九寨沟（四川阿坝）

亚丁（四川稻城）

南迦巴瓦（雅鲁藏布大峡谷）

千湖山（云南香格里拉）

立秋二候　白露降　　　　　　月　　日至　　月　　日

各地物候记录

8 月 12 日：杨桃熟（广东广州）

8 月 14 日：核桃成熟（四川广安）

8 月 15 日：栾树果全熟（陕西西安）

8 月 16 日：水稻抽穗（北京）

立秋三候　寒蝉鸣　　　　　　　月　　日至　　月　　日

各地物候记录

8 月 17 日： 山楂成熟（黑龙江哈尔滨）

8 月 18 日： 大豆始花（四川广安）

8 月 19 日： 终雷（陕西杨陵）

8 月 20 日： 向日葵收获（新疆石河子）

8 月 21 日： 龙眼果成熟（福建厦门）

关键字里的节气奥秘

- ◆ 立秋三候：凉风至，白露降，寒蝉鸣
- ◆ 向日葵开花
- ◆ 树叶开始变色

离离暑云散，袅袅凉风起。池上秋又来，荷花半成子。（[唐]白居易《早秋曲江感怀》）

释义：处暑时节，天高云淡，微风吹过，带来丝丝凉意。望着池塘发现了秋天的踪迹，荷花一半都结了莲蓬。

物候关键字

处暑一候　鹰乃祭鸟　　　月　　日至　　月　　日

小暑、大暑和处暑，三者有什么不同？

《说文解字》曰："暑者，热也。"小暑、大暑和处暑都与热相关吗？的确如此，三伏天就出现在小暑到处暑间，不过这三暑的炎热程度不同。

小暑和大暑都处于北半球全年的最热月7月，但到底这两个节气的天气哪个更热呢？以1981—2010年气候统计数据来看，小暑期间全国平均气温为24.9℃，大暑为25.1℃，大暑略胜一筹；但因为各地小气候状况有差异，具体来看，北京、郑州、成都等众多城市的极端最高温都出现在小暑期间。可见，小暑和大暑的炎热程度难分伯仲。

处暑虽不似小暑、大暑那般炎热，但时常有"秋老虎"出没。这一时期，北方常常是早晚清凉，午后高温暴晒；南方则依然闷热、黏湿。但处暑一过，天就凉下来了。

各地物候记录

8 月 27 日：石榴成熟（湖北鄂州）

8 月 28 日：枣成熟（北京）

　　　　　　终雷（新疆石河子）

8 月 29 日：棉花吐絮（河南洛阳）

8 月 30 日：梧桐果成熟（浙江杭州）

8 月 31 日：采收芝麻、谷子（河北邢台）

各地物候记录

9 月 1 日： 芦苇扬花（北京）

9 月 2 日： 柿子成熟（河南洛阳）

9 月 3 日： 桂花始花（陕西西安）

9 月 4 日： 木芙蓉始花（贵州贵阳）

9 月 5 日： 白蜡果成熟（新疆石河子）

关键字里的节气奥秘

◆ 处暑三候：鹰乃祭鸟，天地始肃，禾乃登
◆ 处暑天还暑，好似"秋老虎"
◆ 处暑至，秋收始

秋荷一滴露，清夜坠玄天。将来玉盘上，不定始知圆。（[唐]韦应物《咏露珠》）

释义：秋日的荷叶上凝结着一滴晶莹的露珠，它是在夜晚从高远的天空坠下的。露珠在荷叶上滚来滚去而不是停着不动，这才知道原来它是圆的。

物候关键字

白露一候　鸿雁来　　　　　　　　月　　日至　　月　　日

各地物候记录

9 月 7 日：枸树果脱落（广西桂林）

9 月 8 日：青蛙终鸣（北京）

　　　　　　核桃成熟（陕西杨陵）

9 月 9 日：高粱成熟（黑龙江佳木斯）

9 月 10 日：桂花始花（贵州贵阳）

9 月 11 日：桂花始花（安徽合肥）

一天中什么时间
摘棉花比较合适?

棉花吐出一朵朵洁白的棉絮,终于可以采摘了。

如果一大早去地里看棉花,你会发现,棉絮上缀满了晶莹剔透的小露珠,此时如果把棉絮带着露珠摘下来,不经过晾晒,堆积时间长了棉絮就会发霉。因此,要等到太阳升起、露珠消失后再采摘。

白露时节,早晚温差越来越大,夜晚空气中的水汽接触到地面或草木时,迅速凝结为小水滴,就形成了露水。

太阳升起后,在阳光的照射下,地面温度上升,露水很快又变成水汽消失了。

各地物候记录

9 月 12 日： 合欢树果成熟（贵州贵阳）

9 月 13 日： 水稻成熟（贵州贵阳）

9 月 15 日： 苹果成熟（甘肃民勤）

9 月 16 日： 棉花吐絮（北京）

　　　　　　 高粱成熟（辽宁盖州）

白露三侯　群鸟养羞　　　　　月　　日至　　月　　日

9 月 17 日： 沙枣果成熟（新疆石河子）

9 月 18 日： 石栗果成熟（福建厦门）

9 月 19 日： 柿子始熟（陕西西安）

9 月 20 日： 莲子始熟（北京）

　　　　　　 棉花采收（河北邢台）

9 月 21 日： 板栗成熟（江西赣州）

关键字里的节气奥秘

- 白露三候：鸿雁来，玄鸟归，群鸟养羞
- 露水现

正像奶奶说的那样：它是属于我们的，每个人的。我们就又仰起头来看那天上的月亮，月亮白光光的，在天空上。我突然觉得，我们有了月亮，那无边无际的天空也是我们的了：那月亮不是我们按在天空上的印章吗？（贾平凹《月迹》）

物候关键字

秋分一候　雷始收声　　　　　月　　日至　　月　　日

灵魂发问

为什么太阳或月亮
周围有时会出现光环?

在晴空万里的白天或星稀月明的夜晚,我们有时会看到太阳或月亮周围有一圈美丽的光环,这种光环在气象学中称为晕。

晕的产生缘于光线受到大气中冰晶的折射。当天空中出现由冰晶组成的卷层云时,光线透过云层中悬浮的冰晶经过两次折射,就像穿过三棱镜一样,分散成不同方向的各色光,由此形成了外紫内红的光环或光弧。

晕的出现在一定程度上是天气变化的前兆。民间谚语说"日晕三更雨,月晕午时风"。也就是说,如果白天出现日晕,夜半三更时就很有可能下雨;如果晚上出现月晕,第二天中午就可能会刮风。

各地物候记录

9 月 27 日：野菊始花（北京）

　　　　　　玉米收获（陕西杨陵）

9 月 28 日：最后一次见虹、霜冻发生（黑龙江佳木斯）

9 月 29 日：鸣蝉终鸣（北京）

9 月 30 日：长绒棉收获（新疆石河子）

10 月 1 日：冬小麦开始播种（天津）

秋分三候　水始涸　　　　　　　月　　日至　　月　　日

各地物候记录

10 月 2 日：板栗成熟、种马铃薯（广东广州）

　　　　　　大豆收获（黑龙江佳木斯）

10 月 3 日：家燕南飞（北京）

10 月 4 日：色木槭叶初变秋色（北京）

10 月 5 日：木瓜开始落叶（贵州贵阳）

10 月 7 日：初霜（辽宁盖州）

关键字里的节气奥秘

- 秋分祭月
- 月有阴晴圆缺
- 月中之兽，兔、蟾蜍也

我是秋云，空空地不载着雨水，但在成熟的稻田中，可以看见我的充实。（[印度]泰戈尔《飞鸟集》，郑振铎译）

寒露

物候关键字

寒露一候　鸿雁来宾　　　　　　月　　日至　　月　　日

各地物候记录

10 月 9 日：野葡始花（陕西杨陵）

10 月 10 日：初霜（北京）

　　　　　冬小麦播种（陕西西安）

10 月 11 日：终雷（广东广州）

10 月 12 日：蟋蟀终鸣（北京）

　　　　　初雪（黑龙江佳木斯）

灵魂发问

云的边界线是
谁裁出来的?

你见过这种神奇的天气现象吗?天空中的云如同被刀裁切过一样,在它们的中间有一条长长的线,从天空的一边一直延伸到另一边,一侧的云密集、厚重,另一侧的云疏散、轻薄。整片蓝天被分成泾渭分明的两部分。

这种一半蓝天、一半白云的现象俗称"阴阳天"。阴阳天会在气团的挤压驱逐过程中出现。这是由于在气团交界处,一侧是暖湿气团,可以形成云;另一侧是干冷气团,无法成云。最终两大气团在拉锯较量中挤压剪裁出"一刀切"式的云层边界,这个边界可能是平直的,也可能是圆弧状。

现在你知道剪裁出云层边界的"幕后推手"是谁了吧!

寒露二候　雀入大水为蛤 (gé)　　月　日至　月　日

各地物候记录

10 月 13 日：柿树果始落（福建厦门）

10 月 15 日：雁绝见（黑龙江佳木斯）

　　　　　　小麦播种（河南洛阳）

10 月 16 日：油菜播种（贵州贵阳）

10 月 17 日：雁南飞（北京）

　　　　　　初霜（山东泰安）

各地物候记录

10 月 18 日：冬小麦分蘖（niè）（北京）

茶树始花（江西南昌）

10 月 20 日：雁始见（江西赣州）

10 月 21 日："寒露风"出现（广东广州）

10 月 22 日：柿子成熟（江西赣州）

旱柳叶初变秋色（北京）

关键字里的节气奥秘

- ◆ 冷暖空气对流强烈
- ◆ 庄稼成熟收割
- ◆ 大雁南飞，菊花开放

霜降

我爱霜，爱它的清凛，洁净；爱它能报知响晴的天气。（[日]德富芦花《晨霜》，陈德文译）

物候关键字

各地物候记录

10 月 24 日： 土壤表面稳定冻结（黑龙江黑河）

10 月 25 日： 油茶始花（浙江杭州）

10 月 26 日： 野菊始花（贵州贵阳）
　　　　　　　终雷（四川广安）

10 月 27 日： 色木槭叶全变色（北京）
　　　　　　　枇杷始花（广东广州）

竺可桢

《中国近五千年来气候变迁的初步研究》前几日发表了。此文长约2.6万字，小注100多个，80多年的生命只能做出这样一点成绩，实在太可怜了。

中国，北京
1972年12月31日 13:16　删除

♡ 胡焕庸，苏步青，李约瑟，王淦昌

 谭其骧
读大著，每读一遍都使我觉得，这篇文章功力之深、分量之重，实为多年少见的作品，无疑应列于世界名著之林。

 竺可桢
回复谭其骧：不敢当

 李约瑟
真正对知识和大自然事物的热爱者。

自然观察家

竺可桢（1890—1974年），中国近代气象学家、地理学家、教育家。

 主要成就

中国近代物候学的创始人，与宛敏渭合著《物候学》。

中国近代气象事业的主要奠基人，组建早期中国气象观测网。

担任浙江大学校长13年间，将其建设为当时东方最好的大学之一。

从1921年开始，每天观测、记录物候变化，直到去世，一共记了50多年。

一生笔耕不辍，留下诸多学术论文、科普作品，多达600万字。

各地物候记录

10 月 28 日： 初雪（新疆石河子）

10 月 29 日： 小麦播种（贵州贵阳）

　　　　　　　初霜（河南洛阳）

10 月 30 日： 旱柳开始落叶（北京）

　　　　　　　枇杷始花（贵州贵阳）

　　　　　　　冬小麦播种（四川广安）

各地物候记录

11月2日：晚稻收获（广西桂林）

　　　　　松花江薄冰初见（黑龙江佳木斯）

11月3日：冬小麦出苗（浙江杭州）

11月4日：野葡开始黄枯（北京）

11月5日：薄冰初见（北京）

　　　　　地表开始冻结（新疆石河子）

- 动物准备冬眠，木芙蓉开放
- 霜叶红于二月花
- 霜降前后柿子熟

冬意最浓的那些天，屋里的热气和窗外的阳光一起努力，将冻结在玻璃上的冰雪融化；它总是先从中间化开，向四边蔓延。透过这美妙的冰洞，我发现原来严冬的世界才是最明亮的。（冯骥才《冬日絮语》）

物候关键字

立冬一候　水始冰　　　　　　　月　　日至　　月　　日

各地物候记录

11 月 7 日：开始采收萝卜、白菜（河北邢台）

11 月 9 日：色木槭叶落尽（北京）

　　　　　　青蛙终鸣（四川广安）

11 月 10 日：初霜（江苏扬州）

11 月 11 日：野葡始花（江西赣州）

探秘"冷酷仙境":
中国最冷的地方在哪里?

漠河市(黑龙江)
有中国"北极"之称,是我国纬度最高的县,常年温度较低,冬季极端最低气温曾达-52.3℃。

加格达奇区(黑龙江)
加格达奇区,隶属于黑龙江省大兴安岭地区。冬季气候寒冷,极端最低气温曾达到-45.4℃,被称为"高寒禁区"。

根河市(内蒙古)
位于呼伦贝尔市,年封冻期达210天以上,采暖期长达9月,历史极端最低温曾达到-58℃,被国家气候中心授予"中国冷极"称号。

伊图里河镇(内蒙古)
位于呼伦贝尔市下辖牙克石市,多年平均气温为-5℃。

海拉尔区(内蒙古)
位于呼伦贝尔市,冬季严寒漫长,地面积雪时间长。1月(最冷月)平均低温为-30.83℃,7月(最热月)平均高温为25.84℃。

张家口市(河北)
2022年北京冬奥会举办场地之一,冬季寒冷而漫长,适合开展冰雪运动。

立冬二候　地始冻　　　　　　　　月　　日至　　月　　日

各地物候记录

11 月 12 日：收割晚稻（广东广州）

11 月 13 日：蟋蟀终鸣（上海）

11 月 14 日：银杏叶全变色（河南洛阳）

　　　　　　　初霜（浙江宁波、安徽合肥）

11 月 15 日：野菊始花、油茶始花（广东广州）

11 月 16 日：枇杷始花（上海）

立冬三候　雉 (zhì) 入大水为蜃 (shèn)　　　月　　日至　月　　日

各地物候记录

11 月 17 日：颐和园昆明湖斤始结冰（北京）

11 月 18 日：野葡完全枯黄（北京）

11 月 19 日：河流完全封冻（黑龙江哈尔滨）

11 月 20 日：小麦出苗（广西桂林）

　　　　　　蟪蝉终鸣（四川广安）

11 月 21 日：色木槭落叶（浙江杭州）

关键字里的节气奥秘

- 水始冰，地始冻
- 防寒保暖最关键

一片雪花含有无数的结晶，一粒结晶又有好多好多的面，每个面都反射着光，所以雪才显着那样的洁白。（梁实秋《雪》）

物候关键字

小雪一候　虹藏不见　　　　月　　日至　月　　日

各地物候记录

11 月 22 日：初雪（北京）

11 月 23 日：蟪蛄终鸣（贵州贵阳）

　　　　　　土壤始冻（河南洛阳）

11 月 25 日：薄冰初见（陕西西安）

　　　　　　蜡梅始花（河南洛阳）

11 月 26 日：初霜（上海）

雪花都是六角形吗?

　　冬天最特别的"花"莫过于从天而降的雪花。你留意过雪花是什么形状吗?

　　世界各地的雪花爱好者和科学家们通过观察、拍照,发现了各种形状的雪花,目前已知的雪花形状多达 20000 余种。虽然雪花形状各异,却拥有一个共同的特征——核心部分呈六角形。这究竟是为什么呢? 其实这和水汽凝华结晶时的晶体习性有关。雪花的原始"胚胎"——雪晶属于六方晶系,由此形成的雪花就呈现出六角的特征,所以就有了古人"凡草木花多五出,雪花独六出"的说法。

　　尽管雪花的基本形状是六角形,但你永远找不到两片完全相同的雪花。不信的话,试着找找看吧!

各地物候记录

11 月 28 日：初雪（陕西西安）

11 月 30 日：水面结冰（河南洛阳）

12 月 1 日：枇杷始花（福建厦门）

　　　　　　松花江稳定冻结（黑龙江哈尔滨）

12 月 2 日：颐和园昆明湖完全封冻（北京）

　　　　　　初霜（江西赣州）

小雪三侯　闭塞而成冬　　　　月　　日至　　月　　日

各地物候记录

12 月 3 日：玉兰叶落尽（上海）

12 月 4 日：榆树落叶末期（陕西杨陵）
　　　　　　初雪（山东泰安）

12 月 5 日：早茶梅始花（浙江杭州）
　　　　　　蜡梅始花（贵州贵阳）

12 月 6 日：栾树落叶末期（四川广安）

关键字里的节气奥秘

- ◆ 冬季树木养护——剪枝、绑绳
- ◆ 六出分明是雪花
- ◆ 堆雪人、打雪仗，雪地游戏乐翻天

感官安宁，万籁无声，美丽的宇宙太空，以它的神秘和绚丽，召唤我们踏过平庸，进入到无垠的广袤。（南仁东）

物候关键字

大雪一候　鹖（hé）旦不鸣　　　　月　　日至　　月　　日

各地物候记录

12 月 7 日：野菊开始枯黄（贵州贵阳）

12 月 8 日：结香叶全变黄（上海）

12 月 9 日：蚊蝇绝见（四川广安）

12 月 10 日：旱柳叶全变黄（上海）

12 月 11 日：枫杨叶落尽（江苏盐城）

古往今来的追星者你认识几个?

上九天揽月,登火星探险,中国航天人一步一个脚印地开启了星际探索的新征途,曾经遥远的星辰如今似乎触手可及。这些成就离不开古往今来天文学家的探索与发现。让我们走近这些追星者,了解他们的卓越成就吧。

甘德

石申

落下阂

张衡

一行

苏颂

韩公廉

沈括

郭守敬

王绥琯

南仁东

各地物候记录

12 月 12 日：开始滑冰（北京）

12 月 14 日：野葡开花末期（江西南昌）

12 月 15 日：蜡梅始花（重庆北碚）

12 月 16 日：甘蔗收获（广西桂林）

大雪三候　荔挺生　　　　　月　　日至　　月　　日

12 月 17 日：紫薇叶全黄（福建厦门）

12 月 18 日：结香叶落尽（上海）

12 月 19 日：蜡梅始花（广西桂林、四川广安）

12 月 20 日：木槿、栾树落叶末期（广西桂林）

关键字里的节气奥秘

- 斗柄北指，天下皆冬
- 观察"冬季大三角"（天狼星、南河三、参宿四）

青，取之于蓝，而青于蓝；冰，水为之，而寒于水。（[战国]荀子《劝学》）

释义：靛青是从蓼蓝里提取的，然而比蓼蓝的颜色更深；冰是由水凝结而成的，却比水还要寒冷。

物候关键字

冬至一阳生，新的一个节气轮回开始了。你还记得去年冬至观察到哪些物候变化吗？和今年有什么不同？

天地有大美而不言，四时有明法而不议，万物有成理而不说。原天地之美而达万物之理，需要常年的坚持，继续观察记录吧！

关键字里的节气奥秘

◆ 数九寒天冬至始
◆ 冰冻三尺非一日之寒

如何观测物候

物候，主要是指自然界中的生物和非生物受气候和其他环境因素的影响而出现的现象，如植物的萌芽、开花、结实，动物的蛰眠、繁育、迁徙等，以及非生物现象，如始霜、始雪、河流结冻和解冻等。

观测物候，就是通过持之以恒的观察，把一年四季自然界中的各种物候现象出现的日期记录下来。实际观测时，可遵循以下方法：

1. 选定观测点

观测植物时，不要轻易更换观测点。观测鸟类和昆虫，不限固定观测地点，看见就可记录。

2. 确定观测时间

最好每天观测，也可隔天观测。观测需常年进行，贵在坚持。到了冬天，多数动植物进入休眠期，可酌情减少观测次数，但要保证不错过重要现象的观测。

3. 观测记录方式

可根据观测对象，选择合适的观察工具和记录方式。记录应做到随看随记，切忌凭记忆事后补记。

4. 观测人员

观测人员要固定；若不能观测，应有人接替，不使记录中断。

参考文献：

宛敏渭，刘秀玲．中国物候观测方法 [M]．北京：科学出版社，1979．

旱柳发芽

植物观测

1. 观测对象
选一株日常生活中常见的或在本地具有代表性的植物作为观测对象。

旱柳展叶

2. 观测周期
一年四季常年观测，根据所观测植物的生长周期确定适合的观测周期。

色木槭始花

3. 观测、记录方法
每次观测记录前可先拍摄一张照片，用于留存对照；可使用放大镜观察茎、叶、花上的细节特征。用图画和文字结合的方式记录下植物的形态特征。

桑葚结果

4. 记录重点

柿子成熟

要特别留意观测对象不同生长阶段的出现时间，如发芽、展叶、开花、结果、秋季叶变色、果实或种子成熟、落叶等，以及不同时期的形态变化。

白蜡开始落叶

植物观测记录表

观测人： 观测对象： 观测地点：

观测时间：_____ 观测时间：_____

观测时间：_____ 观测时间：_____

观测时间：_____ 观测时间：_____

动物观测

1. 观测对象

选择随着季节变化而出现明显周期性（节律）行为的动物作为观测对象，例如，知了、青蛙、蟋蟀、蝴蝶、刺猬、燕子等。

燕南飞

蚱蝉始鸣

2. 观测方法

观测前先了解观测对象的习性、生活环境，既方便寻找，又能保证安全。观察时可以直接用肉眼，也可以借助放大镜、望远镜等仪器。

发现刺猬

3. 记录方法

用画图和文字描述结合的方式记录，可用照相机、录像机进行辅助记录。记录时要客观，不刻意夸张。

白粉蝶出现

4. 记录重点

应特别留意观测对象第一次出现、鸣叫、产卵以及迁徙的时间和形态。有时还需要测量并记录观测对象的长度等数据。

蟋蟀始鸣

发现蝌蚪

动物观测记录表 🐝

观测人：　　　　　　　　　观测地点：

观测对象：＿＿＿＿＿＿＿＿＿

观测时间：＿＿＿＿＿＿＿＿＿

观测对象：＿＿＿＿＿＿＿＿＿

观测时间：＿＿＿＿＿＿＿＿＿

观测对象：＿＿＿＿＿＿＿＿＿

观测时间：＿＿＿＿＿＿＿＿＿

观测对象：＿＿＿＿＿＿＿＿＿

观测时间：＿＿＿＿＿＿＿＿＿

气象水文观测

1. 观测对象
请留心观测并记录下你所在地区一年中
首次出现和最后一次出现雷电、彩虹、霜、
降雪的时间，以及结冰和冰融的时间。

2. 观测方法
很多自然现象通常只在特定时段
或一定条件下才会出现。例如，雷电、
彩虹往往在春季首次出现；霜一般出现
在深秋至第二年早春季节，并且是在
晴朗、微风、湿度大的夜间形成；
自然界中的水含有杂质，所以往往在气温
达到0℃以下时才会结冰；等等。掌握了
这些规律，你就知道在什么时候去
留意哪些气象和水文现象了。

3. 记录方法
以雷电现象为例，具体记录方法如下：
在春季第一次观测到雷电时，记录下当天的
日期；在秋冬季节要继续坚持观测，并将
每一次雷电出现的时间都记录在该栏目
下方虚线处，由此确定最后一次
观测到雷电的时间，并填入对应位置。

气象水文观测记录表

观测人：　　　　　　　　观测地点：

第一次观测到雷电（春季）的时间：＿＿＿＿＿＿＿＿

最后一次观测到雷电（秋冬）的时间：＿＿＿＿＿＿＿

第一次看见彩虹的时间：＿＿＿＿＿＿＿＿＿＿＿＿

最后一次看见彩虹的时间：＿＿＿＿＿＿＿＿＿＿＿

第一次发现霜（秋季）的时间：＿＿＿＿＿＿＿＿＿

最后一次发现霜（次年春季）的时间：＿＿＿＿＿＿

第一次发现水开始结冰的时间：＿＿＿＿＿＿＿＿＿

第一次发现冰开始融化的时间：＿＿＿＿＿＿＿＿＿

第一次降雪（冬季）的时间：＿＿＿＿＿＿＿＿＿＿

最后一次降雪（次年春季）的时间：＿＿＿＿＿＿＿

日影观测

1. 观测工具
高约1米的直立木（竹）杆一根、钢卷尺一把、指南针一个、钟表一个（或可用手机进行定位和计时）。

2. 观测方法
选择平整开阔的场地，将杆子垂直固定于平地；将杆影两端连成直线并测量其长度，测定日影朝向，将长度、朝向、测量时刻记录下来。

3. 如何确定正午时刻
连续多日测量全天日影长度，其中正午前后1小时内可以每5分钟测一次，从而找到每天日影最短时刻，汇总若干天数据计算出最短日影出现的平均时刻，这就是当地正午时刻，如：苏州的正午时刻为北京时间11:55前后。

扫码学习测日影

日影观测记录表 ☀

观测人：　　　　　　　　正午时刻：

观测地点：　　　　　　　　　　　杆长（标高）：1米

节气	观测日期	影长（厘米）	节气	观测日期	影长（厘米）
冬至			夏至		
小寒			小暑		
大寒			大暑		
立春			立秋		
雨水			处暑		
惊蛰			白露		
春分			秋分		
清明			寒露		
谷雨			霜降		
立夏			立冬		
小满			小雪		
芒种			大雪		

附录一 物候观测种类名录

（按中文名音序排列）

植 物

白　菜	*Brassica rapa*
白花泡桐	*Paulownia fortunei*
白蜡树	*Fraxinus chinensis*
白　梨	*Pyrus bretschneideri*
板　栗	*Castanea mollissima*
侧　柏	*Platycladus orientalis*
茶	*Camellia sinensis*
茶　梅	*Camellia sasanqua*
垂　柳	*Salix babylonica*
刺　槐	*Robinia pseudoacacia*
大叶合欢	*Archidendron turgidum*
番石榴	*Psidium guajava*
繁　缕	*Stellaria media*
枫香树	*Liquidambar formosana*
枫　杨	*Pterocarya stenoptera*
凤　梨	*Ananas comosus*
凤仙花	*Impatiens balsamina*
福建樱桃	*Prunus fokienensis*
狗尾草	*Setaria viridis*
构　树	*Broussonetia papyrifera*
桂　花	*Osmanthus fragrans*
旱　柳	*Salix matsudana*
合　欢	*Albizia julibrissin*
荷　花	*Nelumbo nucifera*

核　桃	*Juglans regia*
花　椒	*Zanthoxylum bungeanum*
槐	*Styphnolobium japonicum*
黄　皮	*Clausena lansium*
荠	*Capsella bursa-pastoris*
结　香	*Edgeworthia chrysantha*
金银花	*Lonicera japonica*
蜡　梅	*Chimonanthus praecox*
荔　枝	*Litchi chinensis*
楝	*Melia azedarach*
六月雪	*Serissa japonica*
龙　眼	*Dimocarpus longan*
芦　苇	*Phragmites australis*
栾　树	*Koelreuteria paniculata*
萝　卜	*Raphanus sativus*
梅	*Armeniaca mume*
玫　瑰	*Rosa rugosa*
牡　丹	*Paeonia suffruticosa*
木芙蓉	*Hibiscus mutabilis*
木　瓜	*Chaenomeles sinensis*
木　槿	*Hibiscus syriacus*
木　棉	*Bombax ceiba*
女　贞	*Ligustrum lucidum*
枇　杷	*Eriobotrya japonica*
苹　果	*Malus pumila*
婆婆纳	*Veronica polita*
蒲公英	*Taraxacum mongolicum*
葡　萄	*Vitis vinifera*
桑	*Morus alba*
色木槭	*Acer mono*

沙	枣	*Elaeagnus angustifolia*
山	桃	*Prunus davidiana*
山	楂	*Crataegus pinnatifida*
芍	药	*Paeonia lactiflora*
石	栗	*Aleurites moluccana*
石	榴	*Punica granatum*
柿		*Diospyros kaki*
桃		*Amygdalus persica*
天	椒	*Zanthoxylum schinifolium*
乌	桕	*Triadica sebifera*
梧	桐	*Firmiana simplex*
香	椿	*Toona sinensis*
向日葵		*Helianthus annuus*
杏		*Armeniaca vulgaris*
杨	梅	*Myrica rubra*
杨	桃	*Averrhoa carambola*
野	菊	*Chrysanthemum indicum*
银	杏	*Ginkgo biloba*
樱	桃	*Cerasus pseudocerasus*
迎春花		*Jasminum nudiflorum*
油	茶	*Camellia oleifera*
榆	树	*Ulmus pumila*
玉	兰	*Yulania denudata*
越南安息香		*Styrax tonkinensis*
枣		*Ziziphus jujuba*
栀	子	*Gardenia jasminoides*
紫	藤	*Wisteria sinensis*

紫　薇	*Lagerstroemia indica*

动 物

布谷鸟	*Cuculus canorus*
菜粉蝶	*Pieris rapae*
豆　雁	*Anser fabalis*
家　燕	*Hirundo rustica*
蜜　蜂	*Apis cerana*
舍　蝇	*Musca domestica vicina*
蛙	*Rana nigromaculata*
致倦库蚊	*Culex pipiens quinquefasciatus*
蚱　蝉	*Cryptotympana atrata*

附录二 花开的气温奥秘

影响植物开花的因素很多，如温度、光照、水、空气、土壤等，其中，温度是最主要的影响因素。不同的植物开花所需要的日均气温及积温有所不同，呈现出"春有桃花，夏有莲，秋有黄菊，冬有梅"的四季开花现象。下表是河北省石家庄市在 20 世纪八九十年代至 2010 年间获得的连续 3 年以上的观测数据，从中可看出温度对开花时间的影响。

日均气温：指一天 24 小时的平均气温，即日平均气温。

积　　温：指某一时间段内逐日平均温度累加之和。下表中">0℃的积温"，是指自每年 1 月 1 日起，从日均气温大于 0℃之日开始计算，累加每天的日均气温所得积温数值。

开花始期：当植株上有一处花的花瓣完全展开，此时即为开花始期，也称始花时间。

植物始花温度与开花时间对照表

植物	始花温度（℃）	开花时间
蜡梅	日均气温达 2℃	2 月上旬为开花始期，2 月中旬为开花盛期，花期一个月左右
迎春花	日均气温达 7—8℃ >0℃的积温达 160℃	3 月上旬为开花始期，花期 10—15 天左右
榆树	日均气温达 7℃ >0℃的积温达 130℃	3 月上旬为开花始期
山桃	日均气温达 8℃ >0℃的积温达 174℃	3 月中下旬为开花始期，始花后 2—3 天进入盛花期，花期 15 天左右

植物	始花温度（℃）	开花时间
白玉兰	日均气温达 9℃ >0℃的积温达 260℃	3 月下旬为开花始期，始花后 5 天左右进入盛花期
杏	日均气温达 10℃ >0℃的积温达 240℃	3 月下旬为开花始期
侧柏	日均气温达 11℃ >0℃的积温达 250℃	3 月下旬为开花始期
旱柳	日均气温达 11℃ >0℃的积温达 290℃	3 月下旬为开花始期
白梨	日均气温达 12℃ >5℃的有效积温达 160℃	4 月上旬为开花始期，2—3 天后进入盛花期，花期一周左右
垂柳	日均气温达 13℃ >0℃的积温达 340℃	4 月上旬为开花始期，4 月中旬末种子成熟脱落，柳絮飞舞
樱花	日均气温达 13℃ >0℃的积温达 380℃	4 月上旬为开花始期，花期半个月左右
桃	日均气温达 13℃ >0℃的积温达 370℃	4 月上旬为开花始期，花期 5—10 天
白蜡树	日均气温达 14℃ >0℃的积温达 400℃	4 月上旬为开花始期
色木槭	日均气温达 14℃ >0℃的积温达 440℃	4 月上旬展叶后 1—2 天进入开花始期
苹果	日均气温达 14℃ >0℃的积温达 440℃	4 月中下旬为开花始期

植物	始花温度（℃）	开花时间
核桃	日均气温达 15℃ >0℃的积温达 440℃	4 月中旬为开花始期
毛泡桐	日均气温达 15℃ >0℃的积温达 480℃	4 月中旬为开花始期
紫藤	日均气温达 15℃ >0℃的积温达 530℃	4 月中旬为开花始期
银杏	日均气温达 16℃ >0℃的积温达 600℃	4 月下旬为开花始期
牡丹	日均气温达 16℃	4 月下旬为开花始期，始花后 2—3 天进入盛花期，花期 1—15 天
刺槐	日均气温达 18℃ >0℃的积温达 740℃	4 月下旬为开花始期，5 月上旬为开花盛期
月季	日均气温达 19℃ >0℃的积温达 860—870℃	4 月中旬为开花始期，花期可持续到 10 月上旬
芍药	日均气温达 19℃ >0℃的积温达 920℃	5 月初为开花始期
葡萄	日均气温达 20℃ >0℃的积温达 1064℃	5 月上旬为开花始期
柿树	日均气温达 22℃ >0℃的积温达 1070℃	5 月中旬为开花始期
枣	日均气温达 22℃ >0℃的积温达 1240℃	5 月下旬为开花始期

植物	始花温度（℃）	开花时间
板栗	日均气温达 22℃ >0℃的积温达 1200—1300℃	5 月下旬为开花始期
香椿	日均气温达 22℃ >0℃的积温达 1200—1420℃	5 月下旬为开花始期
石榴	日均气温达 23℃ >0℃的积温达 1500℃	5 月中下旬为开花始期，花期可持续到 8 月
栾树	日均气温达 24℃ >0℃的积温达 1600℃	6 月上旬为开花始期
合欢	日均气温达 25℃ >0℃的积温达 1600℃	6 月上旬为开花始期
梧桐	日均气温达 26℃ >0℃的积温达 1800℃	6 月中旬为开花始期
木槿	日均气温达 26℃ >0℃的积温达 2060℃	6 月下旬为开花始期，花期长达 3 个月
紫薇	日均气温达 26℃ >0℃的积温达 2120℃	6 月下旬为开花始期，花期持续到 9 月中旬
荷花	日均气温达 27℃ >0℃的积温达 2240℃	6 月下旬为开花始期

参考文献：

郭彦波，陈静．植物物候图谱，河北：河北人民出版社，2011：107—167.

海豚出版社二十四节气精品书系

这就是二十四节气（升级版）

作者：高春香 邵敏 / 文　许明振 李婧 / 绘

开本装帧：16 开精装

定价：150.00 元（全 5 册）

ISBN：978-7-5110-4759-5

走进二十四节气，在农历的天空下健康成长

这就是二十四节气自然笔记本（套装）

作者：高春香 / 文　马凝思 曹磊 余敏 / 绘

开本装帧：32 开平装

定价：340.00 元（全 24 册）

ISBN：978-7-5110-0696-7

为培养新一代博物学家而生

二十四节气课程开发与实施·春夏卷 / 秋冬卷

苏州科技城实验小学校校本课程指导用书

作者：徐瑛 / 主编　高春香 张玮 刘琴 / 副主编

开本装帧：16 开平装

定价：39.80 元 / 册

ISBN：978-7-5110-5058-8（春夏卷）

　　　　978-7-5110-5308-4（秋冬卷）

推动中华优秀传统文化进课本、进课堂、进校园

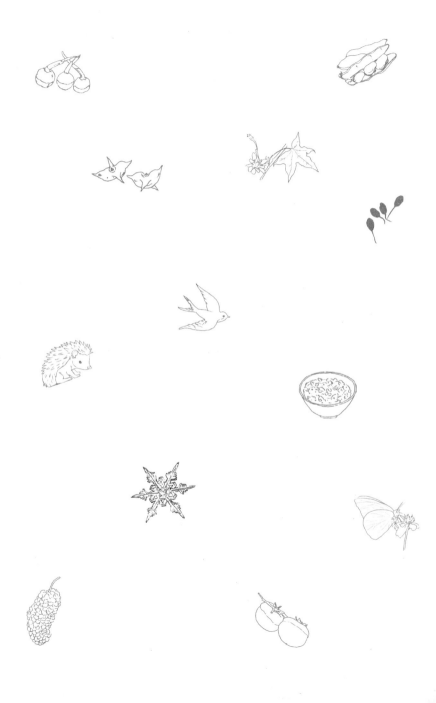